漫画小学生心理素质训练营

心态平衡

健康应对压力的47个练习

[日]安川祯亮 [日]吉川和代 著　黄少安 译

化学工业出版社

·北京·

内 容 简 介

本书是关于压力管理的实用指导书，适合在现代快节奏生活中感受到各种压力的读者，尤其是小学生、家长及教育工作者阅读参考。本书提醒读者认识并接受压力的普遍性，并详细探讨了压力的来源、对身心的影响及其管理方法，不仅阐释了压力的负面影响，还教给读者如何将压力转化为正能量。

全书分为四章，结合实际例子和练习，逐步引导读者如何在身体和心理上应对压力：第1章介绍压力的基本知识，第2章聚焦通过身体活动减压的方法，第3章讨论如何通过改变思维方式调整压力反应，第4章讲述怎样通过改变行为减轻压力。

书中还包括针对成人的版块，为教育从业者和家长提供在支持孩子的同时自我调节压力的方法。这是一本通过47个案例和练习帮助读者建立健康压力应对机制的实战手册，使每个人都能在忙碌与压力中找到放松与平衡的方式。

IRASUTOBAN KODOMONO STRESS NI TAIOUSURU KOTSU KATEI・GAKKO DE SUGUNITSUKAERU
47NO STRESS MANAGEMENT by Sadaaki Yasukawa, Kazuyo Yoshikawa
Copyright © Sadaaki Yasukawa, Kazuyo Yoshikawa, 2018
All rights reserved.
Original Japanese edition published by GODO-SHUPPAN Co., Ltd.
Simplified Chinese translation copyright © 2022 by Chemical Industry Press
This Traditional Chinese edition published by arrangement with GODO-SHUPPAN Co., Ltd., Tokyo,
through Office Sakai and Beijing Kareka Consultation Center，Beijing
本书中文简体字版由 GODO-SHUPPAN Co., Ltd. 授权化学工业出版社独家出版发行。

北京市版权局著作权合同登记号：01-2024-3731

图书在版编目（CIP）数据

心态平衡：健康应对压力的 47 个练习 /（日）安川祯亮，（日）吉川和代著；黄少安译 . —北京：化学工业出版社，2024.7
（漫画小学生心理素质训练营）
ISBN 978-7-122-45699-1

Ⅰ.①心… Ⅱ.①安… ②吉… ③黄… Ⅲ.①耐力（心理）—少儿读物 Ⅳ.① B842.6-49

中国国家版本馆 CIP 数据核字（2024）第 102479 号

责任编辑：马冰初　　　　　　　　　　　　文字编辑：李锦侠
责任校对：边　涛　　　　　　　　　　　　装帧设计：盟诺文化

出版发行：化学工业出版社（北京市东城区青年湖南街13号　邮政编码100011）
印　　装：北京新华印刷有限公司
787mm×1092mm　1/16　印张7　字数280千字　2025年1月北京第1版第1次印刷

购书咨询：010-64518888　　　　　　　　售后服务：010-64518899
网　　址：http://www.cip.com.cn
凡购买本书，如有缺损质量问题，本社销售中心负责调换。

定　　价：49.80元　　　　　　　　　　　　　　　版权所有　违者必究

致亲爱的读者

手捧这本书的你，现在正在哪里？学校？图书馆？书店？还是自己家的房间？这里，是一个令你感到舒服的地方吗？

当你一眼看到这本书的书名中"压力"两个字时，或许会情不自禁地在心底小声感叹："是啊是啊，我最近压力就很大……"

"从早上起床开始就被爸爸妈妈反复叮嘱个不停。"
"明明是很重要的考试，题目却完全不会做。"
"好像被朋友讨厌了……"

不安、愤怒、紧张……我想大家在生活中都正经历着各种各样的压力。明明已经很努力了，却总是事与愿违，压力不断积攒，自己也慢慢失去了干劲儿。

当你感到有压力时，在你认为"我快不行了"之前，先试着对自己说："轻松点，其实这样就行了。"温柔地让你那颗过分努力的"心"和因为紧张而变得僵硬的"身体"放松、舒缓下来。然后试着闭上眼睛，大大地吸一口气，然后"哈——"地把气全部吐出去。

所谓压力管理，是指意识到自己的压力，并通过自己的行动去减轻压力。这里说"管理"，是因为我们要做的不是去消除压力，而是要巧妙地控制压力并渡过这一难关。

如果能掌握压力管理的方法，我们就能够很好地与压力相处。首先，从掌握自己身心的状况开始吧！轻轻松松、不紧不慢，让自己安下心来，然后再去努力吧。

接下来，让我们一起去学习让自己此刻的心情变得舒服的方法吧。

北海道教育大学大学院教育学研究科教授
安川祯亮

致家长和教育从业者

压力管理教育是"心理健康教育"的一种，它的目的是教你了解压力是什么以及让你掌握应对压力的方法与技巧。

加拿大病理学家汉斯·塞利（Hans Selye，1907—1982）将物理学中表示物体受到的外力——压力的概念引入生物学领域中，首次提出了"生命体中产生的生物性压力"的概念。

塞利认为，压力源不特定且丰富多样，如人际关系、噪声、工作上的要求、外伤等。它们能引起焦虑、抑郁、不安、身体异常等共通的症状。这一状态即为压力。压力又是诱发神经官能症、心理生理障碍（是指由心理因素引起，以躯体症状为主要表现的疾病）的重要因素。为了维持身心的健康，压力管理变得尤为重要。

现在的小学生也经常随口就说："我压力好大呀！"但他们却很少有机会去学习如何面对压力，如何掌握应对压力的方法。

本书以小学生为读者对象，通过小练习的形式，介绍了压力管理的方法。想要传达给读者的内容很简单，认识压力并学习应对压力的技法。

压力有大有小，是我们每个人生活中都必定会遇到的。我们只需要知道压力每个人都会有，就能将"为什么只有我这么凄惨，这么难过"的愤怒与悲伤，转化为"不只是我，大家都一样"的积极思维，从而踏出解决问题的第一步。

致成年读者

　　本书介绍的压力管理方法，是在小学进行了实践后总结出来的具有良好效果的身心练习方法。

　　第 1 章阐述了与压力和压力管理相关的基础知识。第 2 章及以后简要总结了希望各位读者在练习的基础上掌握的内容。

　　第 2 章着重介绍了发挥身体作用的方法。放松身体有助于减轻压力。我们要做的第一步就是真实地活动起来并放松自己的身体。

　　第 3 章我们将一起学习如何改变自己的认知方式，发挥心理的作用。在这一章的练习中，我们会掌握"当我们遇到令我们感到有压力的事件时，我们应该如何应对才能克服它，如何思考才能缓解压力"。

　　第 4 章的练习中我们将学习如何通过有意识地改变自己的行动来减轻压力。

　　在进行这些练习时，请务必慢慢地、仔细地、配合孩子的节奏进行。另外，当孩子想要倾诉自己的烦恼，谈论一些有关他 / 她个人的比较深刻的话题时，记得换一个地点，严肃认真地去倾听、去参与到孩子的话题中。

安川祯亮
北海道教育大学大学院教育学研究科教授

吉川和代
奈良县五条市立宇智小学养护教师

目录

用力伸展

第3章 试着改变你的思考方式吧

第1章

认识压力

我们经常听到人们说："我压力好大啊。"

那压力究竟是什么呢？

当我们感受到压力时，心理和身体会发生哪些反应（变化）呢？

为了更好地与压力相处，

首先让我们从认识压力、了解压力开始吧！

1 压力是什么

感到压力的场景

你在什么时候会"感受到压力"？

和朋友吵架、考试没考好、被家人批评……日常生活中一定有很多很多事情都让你感受到过压力吧！

我们每个人活在这个世上，或多或少都一定会遇到压力。

压力源与压力反应

让我们产生压力的事情我们称之为"压力源"，比如和朋友吵架这件事情就是压力源，你因此产生的"气到不行"的情绪就是你的"压力反应"之一。有时你甚至因此被气得喘不上气。

压力源与其对应的压力反应，二者合在一起就是我们所谓的"压力"。

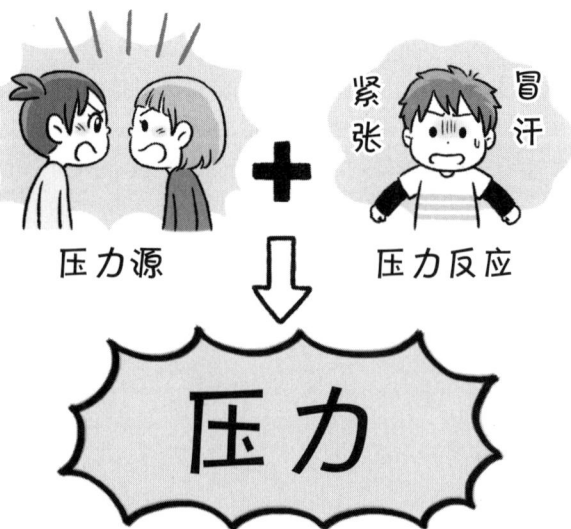

压力源 ＋ 压力反应

压力

巨大的压力

面对引发压力的压力源，大多数人会下意识地用自己的方式采取行动，减小压力带给自己的伤害。

但如果同时面对许许多多的压力，或者仅凭自己的力量无论如何也无法克服某个压力，那么长此以往，压力就会对自己的身心（身体及心灵）造成严重的伤害。

能对人们造成深刻影响的压力大致有3类。

3 类巨大的压力

①地震、洪水、飞机事故、战争等日常生活中极为罕见的重大灾难。

②家人病重或离世等你无法控制的事情。

③升学、就业、搬家、结婚等会导致自己的生活发生巨大变化的事情。包括积极正面的事情。

练习 你的压力是什么

· 在日常生活中你是否曾感受到过压力的存在？

是 · 否

· 回答"是"的人，你曾在什么情况下感到过有压力？回想你当时感受到压力的情形，尽可能地把它们写下来吧。

例：要把考得不好的试卷拿给家人看时。

2 每个人都会感受到"压力"

每个人都会感受到"压力"

　　谁都有压力。但经历同样的事情，有些人看起来就"好像没有压力"，这是为什么呢？"同桌也和我考了同样糟糕的分数，他怎么好像就一点儿也不在意呢？""明明是和我一起被老师骂了，他怎么立马就能开开心心地去玩儿了呢？""只有我一直耿耿于怀，太讨厌这样的自己了……"你是否也有过这种感受呢？

每个人的"压力反应"都不同

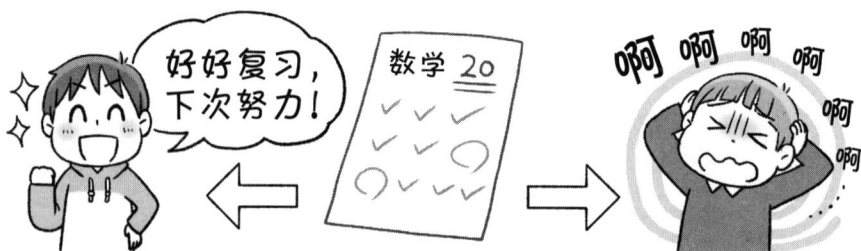

　　有些人看起来似乎没有压力，但其实他并不是没有压力，只不过是因为面对压力源产生的压力反应不同。分数考得不好，有的人会担心"怎么办呀"，有的人则会转换思维，去想"看来我还是学习得不够努力呀。好！下次一定好好复习，考出好成绩"！

　　即使经历同样的事情，每个人看待它的方式也不一样。面对同样的压力源，每个人的压力反应也不尽相同。

你是什么类型

即使压力源相同，每个人对它产生的反应也会不一样。

当你遇到下面的状况时，你会产生怎样的压力反应呢？将与自己的情况符合的一项画"√"，如果没有完全符合的选项，在下方空白处写下自己可能产生的反应吧。

· 被老师批评时

☐ 沮丧失落

☐ 哭泣

☐ 思考今后该怎么做

☐ 其他

....

....

....

....

· 明天不得不在班上独自演讲时

☐ 紧张得睡不着觉

☐ 反复练习

☐ 早点睡觉

☐ 其他

....

....

....

3 负性压力与正性压力

负性压力

当你感受到负性压力时，你会变得焦躁、易怒，除此之外，还有可能突然情绪消沉、忧郁不安，甚至夜不能寐。

焦躁　愤怒

呜——呜——

正性压力

所谓正性压力，是指目标、梦想、良好的人际关系等，能够激励自己，给予自己能量的刺激。

被誉为压力研究之父的加拿大生理学家汉斯·塞利曾提出："压力是人生的调味品。"适当的压力能激发出人的活力。

我要好好努力！

加油！

克服压力之际便是成长之时

　　通过反思自己遇到压力后所采取的行为，人会获得成长。

　　例如，与朋友争吵过后，怒火中烧，无法控制自己的情绪。

　　但随着时间的流逝，你可能会开始思考你们争吵的原因，甚至去和家人商量寻找和好的办法。

　　你和朋友彼此互相原谅，关系会变得比以前更加亲密和坚固。来自争吵的这份压力，成为了你重新思考你与朋友之间的关系以及反思自我的契机。

　　人总是在烦恼中行动，在行动中成长。

练习 将负性压力转换为正性压力

例：负性压力→独自一人上台演讲紧张不已

负性压力

转换 ↳ 表现很好变得自信 / 虽然没有表现好，但朋友帮助了自己 / 知道了准备过程的重要性

负性压力

转换 ↳ ....
....

负性压力

转换 ↳ ....
....

4 当感受到压力时，心理、身体、行为上产生的反应

心理反应

当你不得不去挑战你并不擅长的事情时，你的心情怎么样？

比如，体育课上必须要跳箱子的时候、一个人上台演讲的时候，你脑海里总会浮现出消极的想法——万一我失败了怎么办？然后越发紧张不安、沮丧失落，产生了各种各样的心理反应。

啊，怎么办？

身体反应

与"心理反应"同时发生的还有"身体反应"。例如，心脏扑通扑通跳得很快，不自觉地大叹一口气，甚至肩膀、手脚都止不住地发抖。有时，或许还会冒汗、头脑一片空白，一时间听不见任何声音。

无论内心如何告诉自己"冷静下来，冷静下来"，但身体就是不听话。

紧张

发抖

行为变化

　　因为感受到了压力，你的行为也有可能发生变化。你可能会没缘由地不停地来回踱步，或者一口又一口地喝水。有时，甚至变得暴躁，向身边的人乱发脾气。

　　像这样，当你感受到压力时，你的"心理""身体""行为"都会进入一种与往常不一样的状态。

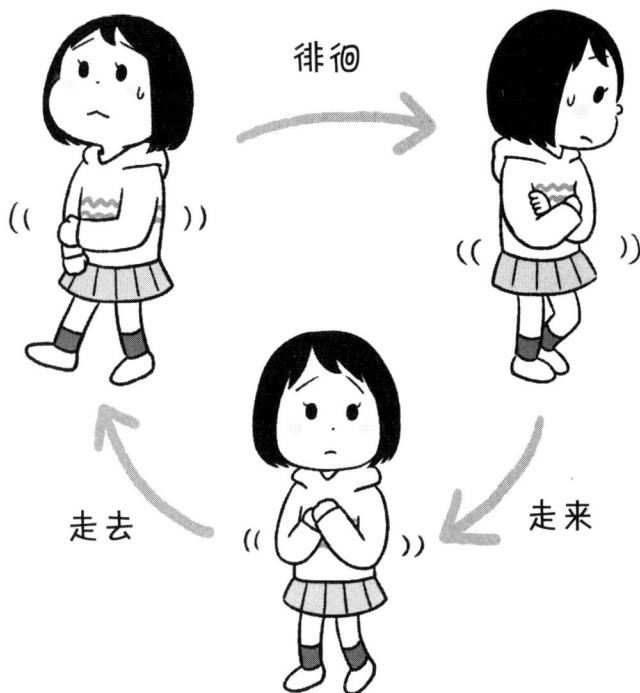

徘徊

走去

走来

练习　当你感受到压力时，你会产生什么反应

当你遇到压力时，你的心理、身体、行为都发生了哪些变化？试着将你能想到的全部写下来。如果还有其他变化，也可以试着写下来。

感受到压力的状况：

心理变化：

身体变化：

行为变化：

其他变化：

5 形形色色的压力反应

压力反应是大脑下达的指令

当我们感受到压力时，肌肉会变得僵硬，瞳孔会放大，脉搏也会加速。同时，口舌发干，手心冒汗，心脏怦怦跳得很快，血压升高，严重时身体甚至可能无法动弹。这些都是为了躲避危险，大脑下达给身体的指令。为了顺利应对紧急状况，我们的内心和身体都在拼命战斗。

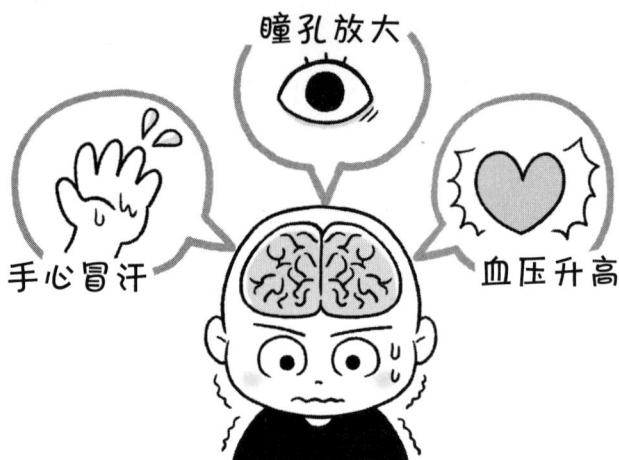

瞳孔放大

手心冒汗

血压升高

适度的害怕

想要突然活动身体或猛地发力，需要瞬间的爆发力。这时，就需要向全身输送氧气，并提升血压。

其结果就是呼吸变得剧烈，心跳加速。适度的害怕，可以让我们快速奔跑摆脱敌人，或者鼓起勇气与敌人对抗。

我要鼓起勇气来！

扑通扑通扑通……

极度的害怕

动物当中，有些动物在面对极度害怕的场面时会进入昏迷（断气）的状态。因为它不再动弹，所以敌人会以为它死掉了然后掉头离去。

人在极度悲伤或极度惊吓的情况下有时也会昏迷、倒下，但通常心脏不会真的停止跳动。

练习 当你遇到巨大压力时会怎么办

在你至今为止经历过的压力当中，最大的压力是什么？写出那时你身上所表现出的压力反应吧。

· 最大的压力

↳   我（做了）

↳   我（做了）

↳   我（做了）

6 心理与身体紧密相连

悲伤时的心理与身体

比如，心爱的宠物死掉时，会产生怎样的压力反应呢？"心理上"会变得十分悲伤、消沉，甚至变得愤怒"它为什么会死掉！"眼里看不到一件令自己开心的事情。

那么"身体上"会发生怎样的反应呢？首先是泪流不止，身体变得没有力气，胸口很难受，脑袋也很疼。这些都与你平时的状态不一样吧。

开心时的心理与身体

努力了好久画的画在比赛中拿了金奖，此时你会有怎样的反应呢？

好开心！

金奖

"心理上"十分高兴，仿佛全身都散发着金色的光芒，你一定想要快些、再快些回家，和家人分享这个好消息。

"身体上"会自然地张开手，喊出"太好了！"笑容抑制不住地浮现在脸上。回家的路上，你还可能会蹦蹦跳跳，因为你的心理与身体都在欢呼雀跃。

知道心理与身体是紧密相连的

压力状态其实是一种紧张状态。当持续处于强烈紧张的状态时，我们肌肉中的血管就会收缩，进而血液循环不良，最后导致肩膀酸痛。另外，当我们的内心极度疲惫时，就会无法顺利地控制我们的身体。

你现在的身心，处于怎样的状况呢？

用力向上抬起我们的肩膀

尽可能试着让肩膀抬高至耳朵附近

◆此时

你明明想要努力抬起双肩，
却无法将其抬高至双耳的部位
这或许就是你的内心已经感到疲惫的信号……
很有可能你的身体已经因为压力而变得僵硬了！

7 压力与消极情感

压力与消极情感

因为不安、愤怒、悲伤等消极情感，我们有时会变得具有攻击性，或者会失去斗志，有时还会对自己失去信心，想要逃离自己所处的环境。如果持续处在悲伤的情绪中，我们会变得不想外出、没有力气外出，什么事儿也不想干。

特别是感受到强烈压力时

当我们感受到巨大的压力时，有时甚至可能连起床、洗脸、吃早饭……这样一些再普通不过的事情都难以做到，只觉得心头难受。

如果这种心情长期持续，我们身上会出现以前从未有过的情绪和行为。

你现在正在面临怎样的压力呢

　　你在什么情况下会和下面的小朋友有同样的情绪呢？当时为什么会出现这样的情绪呢？回想自己的亲身经历，将它们写在下方的空白处吧。

不安

┄┄┄┄┄┄┄┄┄┄┄┄┄┄┄┄┄┄┄┄ 的时候

因为 _____

┄┄┄┄┄┄┄┄┄┄┄┄┄┄┄┄┄┄┄┄ 的时候

因为 _____

┄┄┄┄┄┄┄┄┄┄┄┄┄┄┄┄┄┄┄┄ 的时候

因为 _____

失望

┄┄┄┄┄┄┄┄┄┄┄┄┄┄┄┄┄┄┄┄ 的时候

因为 _____

我吃好了。

┄┄┄┄┄┄┄┄┄┄┄┄┄┄┄┄┄┄┄┄ 的时候

因为 _____

8 压力管理究竟是什么

压力管理

当你遇到压力时，为了减轻压力而采取的行动就叫作压力管理。

比如，在大家面前演讲时，为了让自己冷静下来，你会做几次深呼吸；当你怒不可遏时，你会咬紧牙关拼命忍耐；为了掩饰自己焦虑的心情，选择玩一会儿游戏……其实，大多数人都在无意识地进行着压力管理。

各种各样的压力管理

当你和朋友发生争吵时，你一般会怎么做？

①大声地说出你想说的话。

→这也是压力管理的一种。这时你会感觉心情舒爽。

②如果事态不断升级，你会暂且离开。

→这也是压力管理的一种。它能避免引发更严重的争端（如打架等）。

③对方一生气，你立马道歉。

→你能够首先说"对不起"是一件很了不起的事情。但如果你并不觉得自己错了，你的心情可能会变得十分郁闷。

④跟对方说"我们下次再说吧！"然后先行离开，思考和好的方法。

→先冷静下来，反思自己，或许可以找到解决方案。

作为当场能够使用的对策，①~③中的方法虽好，但都会在你心中留下压力的种子。寻找能让你与对方的心情都顺畅的压力管理方法，这一点极为重要。

无意识的压力管理

当你遇到下述状况时，你是如何进行压力管理的？试着回想那些平时无意间做出的事情并将它们写下来吧。想一想这些方法算得上是好的压力管理方法吗？

- 课堂上被叫起来回答问题时

- 考试时

- 被老师批评时

- 因为朋友的事情而烦恼时

- 大人让你不要再玩游戏时

- 你一直很喜欢的泳池不再营业时

- 没有干劲儿时

9 压力管理的 3 个关键

不好的压力管理

在你无意间进行的压力管理中，有些压力管理方法是大家不愿意看到的——那就是迁怒于他人或物。

因为烦躁就把身边的东西拿起来砸碎，因为生气就欺负别人以此换来自己心情的畅快，甚至激动起来拿自己的头去撞墙。这些伤害他人和物品的做法都是极为恶劣的压力管理方法。伤害自己，那更是万万不可取的行为。

压力管理的 3 个关键

压力管理的目的，是通过改变对压力的看法，引导自己往积极的方向去思考。通过学习一些放松身体的方法、改变思考方式与行为方式的方法，使自己掌握不必勉强自己的、良好的压力应对方法。

压力存在于我们每天的生活中，无论是谁都会有压力。有时甚至会突然被迫面临一份巨大的压力。

通过掌握右边压力管理的 3 个关键，与压力好好相处下去吧。

（1）活动身体

通过活动身体缓解身体的紧张，同时也能缓解心理的紧张，让自己身心都变得放松。

（2）改变思考方式

当压力越来越大时，我们的思维会变得越来越僵硬。不要钻牛角尖，放下固执，你会看到另一条光明的路。

（3）改变行为方式

如果生活中的行为方式总是一成不变，那么不妨试试与往日不同的行为，你可能会有新的发现。

练习 压力管理真棒呀

下方的圆圈中是各种各样、良好的压力管理对策。它们分别属于"活动身体""改变思考方式""改变行为方式"中的哪一种呢？将你的答案写在（　　　　）里吧。

深呼吸（　）

离开现场（　）

奔跑（　）

写日记（　）

散步（　）

听音乐（　）

唱歌（　）

画画（　）

荡秋千（　）

整理房间（　）

读书（　）

找家人商量（　）

和小狗玩耍（　）

找朋友聊天（　）

睡觉（　）

活动身体

改变思考方式

改变行为方式

19

\ 你是哪种"倾听者"？ /
做一个善于倾听的人吧

当朋友和老师说话时，你是哪一种倾听者？如果在你拼命分享时，他人没有认真听，或是随意打断你，你会不会觉得有压力？回想一下，到目前为止，你是哪种"倾听者"呢？

跟你说，前几天……

哦哦……

然后我……

是吗……

三心二意的倾听者

一边做着其他事情一边听他人说话的人

跟你说，我前一阵子……

嗯！啊！原来是这样呀！

全心全意的倾听者

看着对方的眼睛认认真真地听对方说话的人

其实，我有件事想跟你说……

欸欸！正好我也有话想跟你说，特别有意思，你先听我讲，先听我讲——

自我表达的倾听者

打断对方自说自话的人

在跟全心全意的倾听者说话时，说话的人也能安心地把话说完。这样的人听老师讲话时也会非常认真，因此可以收获各种各样的信息和知识。

在对方说话时，轻轻点头，时不时地用一些温暖的话语回应对方，如"哇，好厉害呀！""你确实已经很努力了呀！"等，你会成为一个更加优秀的倾听者。总是全心全意地对待对方，当你遇到困难时，对方也一定会成为你的"英雄"（参见本书第 32 节）。

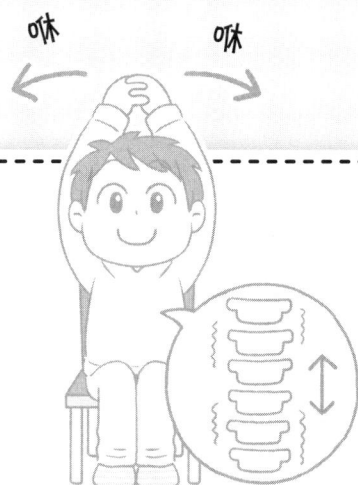

咻　　　　咻

第 2 章

试着活动
你的身体吧

在不知不觉中，或许你已经积攒了很多的压力。
身体开始变得僵硬。
首先让我们从活动身体开始，
一起去减轻我们的压力吧！

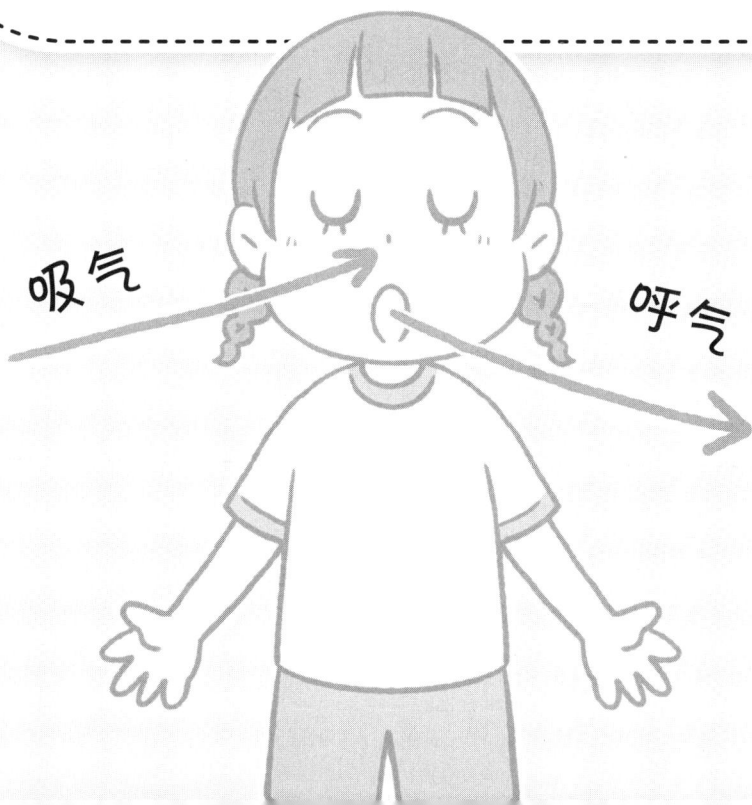

吸气　　　　　　　　　　　　　　呼气

10 需要在课堂上发言时

小藤同学，你来把这一段朗读一下吧。

　　课堂上，你是否也曾因为没有自信而在心底默念过"千万不要点到我，千万不要点到我"？是否也曾因为不知道怎么回答，不知道怎么发表自己的想法和意见而心跳加速？在大家面前发言确实是一件十分令人紧张的事情。"我要是答错了怎么办？""我这样说的话，大家会怎么想？"这样的不安，大家都有。

　　但是，当众发言这件事本身就已经足够厉害了。挺起胸膛，大口地深呼吸，然后大胆地去发言吧。结束之后，记得表扬自己——我努力了！做得真好！

　　当自己的朋友发言时，也要肯定朋友的发言，认真倾听。你会从中学到很多思考方式。

魔法深呼吸

反复几次，心里的紧张情绪就能得到缓解。你会获得勇气。加油，试一试吧！

吐气……

1、2、3

4

吸……

停！

呼……

①像吹气球一样，把身体里的空气全部吐出去。

②心里数着1、2、3，然后用鼻子吸入空气，数到4的时候停下。

③再用嘴把空气缓缓地吐出去。

练习 2

魔法"口诀"

我是大明星！

我一定没问题的！

在心中默念"我是大明星！""我一定没问题的！""只要敢于尝试，一定能成功！"

这些话都是能够给予自己勇气的魔法"口诀"。

写给大人的话 当孩子无法很好地回答时，也要肯定、表扬孩子敢于发言的行为，例如"嗯，看来你也认真思考了呢！""能够把自己的想法传达给大家是非常需要勇气的，你做得很棒！"这份肯定和表扬能大大增强孩子的自信。

11 需要完成自己十分不擅长的"跳箱子"时

　　一想到"今天的体育课又要跳箱子了"，一定有人会忧心忡忡。终于轮到自己上场了，助跑到箱子前面，总感觉它比自己在远处看的时候还要高，一定会有人想着"我绝对跳不过去"然后就此放弃。

　　无论是谁，都有自己不擅长的事情。挑战自己不擅长的事情十分重要。只有试着做一做，才知道自己该注意些什么，或者在哪些方面自己还需努力。刚开始的时候，不能一次性跃过箱子完全没有关系。可以先助跑到箱子前面，然后跨过去。下一次，再用双手撑着跳过去，再一点点地挑战流畅地飞跃过去。跳之前大口深呼吸，想着"哪怕失败了也没什么"，勇敢地去尝试、去挑战吧！

笔直

①抬头挺胸地直立。

充满干劲儿的准备姿势

②双手握拳叉腰，摆出"我准备好了"的姿势。

吸气　呼气

③保持这个姿势大口深呼吸一次，开始挑战。

哪怕失败了，"挑战过"这件事本身就会成为帮你成长的力量。

写给大人的话 因为紧张的情绪会使人绷紧身体，而活动身体可以缓解紧张。双手叉腰、抬头挺胸可以伸展后背，深呼吸可以促进氧气被吸入身体。不安的情绪因此得以缓和。

12 在意明天的表演而难以入眠时

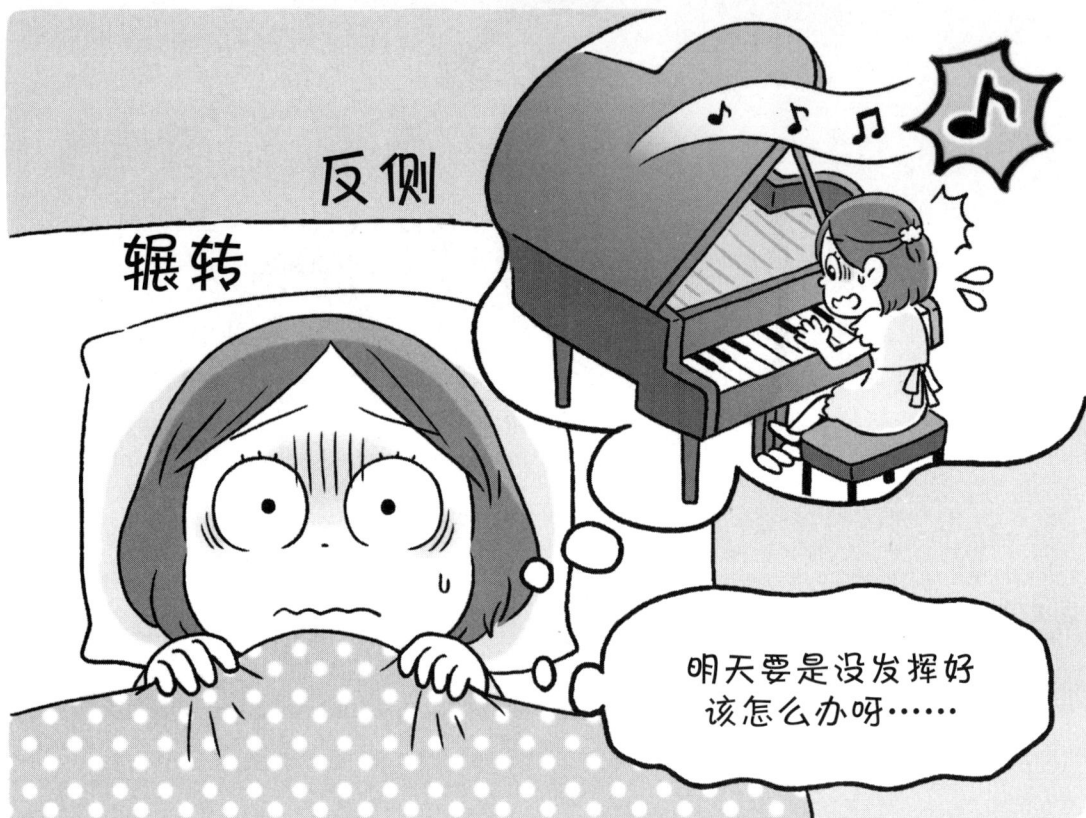

明天就是钢琴演奏会了。演奏会在即，心里一半是开心，一半是紧张，一想到要在那么多人面前演奏，感觉心脏都快要跳出来了。

脑海中不断浮现出站在舞台中央的自己，总忍不住去想"要是明天没发挥好怎么办呀""要是出错了可就太丢人了"……越想越睡不着。越是想着"不行，我得赶紧睡着"，结果却越来越紧张。

或许你还没意识到，当你心里感到有压力时，你的身体会不自主地用力绷着。哪怕心里想着我要放松，但只要一想到明天要表演的事情，就无论如何也放松不下来。这种时候，首先试着放松我们的身体吧。

练习 **10 秒变身企鹅**

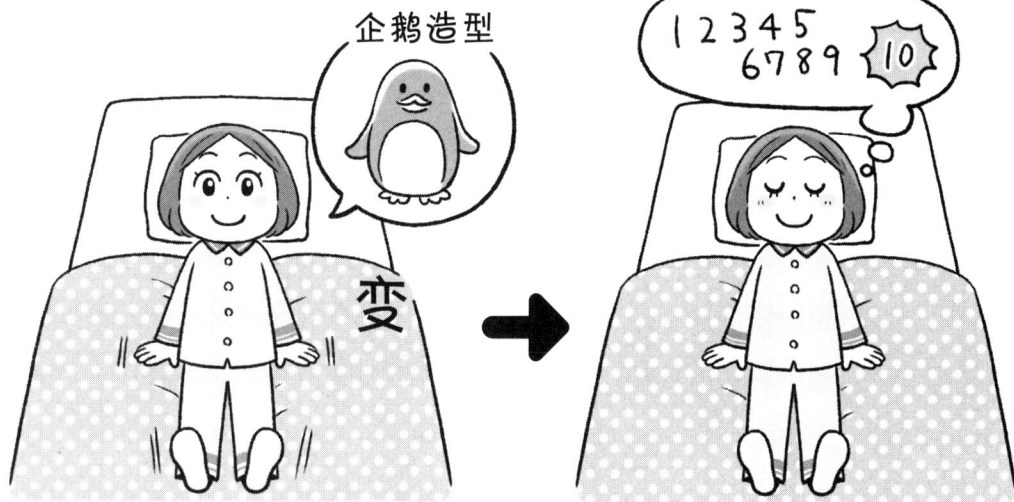

企鹅造型

12345
6789 10

变

①躺在床上，摆出企鹅的造型，然后全身用力绷紧。

②在心中数 10 秒。

试着反复做 3 次吧!

呼

将身体全力绷紧后再一口气完全放松下来，可以感觉身体得到了真正的舒缓。身体的放松可以促进心理的放松。

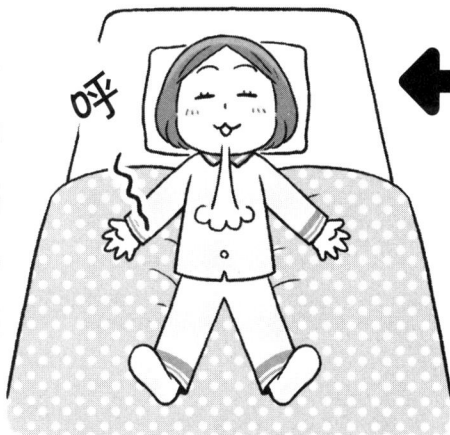

③瞬间将全身的力气卸掉，放松下来。

写给大人的话 专栏 3 的渐进式松弛疗法作为压力管理的常用手段之一，通过绷紧肌肉再缓缓放松肌肉的方式，让人体验到身体放松时的状态。

13 想去看医生时

你有没有在医院让医生或护士给你打过针？或者有没有曾经受伤后，让别人帮你察看伤口？或许有人会觉得，受伤或者生病去医院时，医院的氛围让人感到有些恐惧。

在学校不小心受伤需要去医务室时，抑或是去内科体检、去牙科看牙时，都会想到去医院时的那份恐惧，然后身体变得僵硬，心跳也会加速，有的孩子甚至还会哭起来。

让医生给你处理伤口或打针，对你的身体来说十分重要。当你感到紧张不安时，反复试试那个能够帮你克服恐惧心理的"魔法口诀"吧！

练习 放松放松，慢慢地说"没关系的"

①在去找医务室的老师或医生时，先慢慢地做 2 次深呼吸。

> 当你心中感到不安时，试着随即在心底缓慢默念"没关系的""没关系的"……你的心情会因此轻松不少。

②在心底慢慢地默念"没关系的""没关系的"……

写给大人的话 对于惧怕医院和医生问诊的孩子，事前告诉他具体的内容和顺序，他会更加安心。大人也跟着一起说"没关系的""没关系的"……效果更佳。

14 没有缘由地不想去上学时

心烦意乱

早上睁开眼睛时，不知怎的就觉得不想起床，不想从被子里爬出来。家里人过来叫你："快点起床上学了！"你听到后反倒更加不想起来了。你是否有过这样的经历呢？

明明昨天在学校也没发生不愉快的事情，今天也没有自己讨厌的课程，但不知为何，就是不想去学校。

这种时候，首先从让自己的身体一点一点地活动起来开始吧。然后试着对家人说一句"早上好"。打开自己的活力开关！

挺直后背、转动肩膀、双手向后拉伸

笔直

① 挺直后背站立。

咯吱　　咯吱

我们身上其实有许许多多的活力开关。先试着活动我们的身体。肩膀转动过快有时会伤害关节，所以慢慢转动双肩吧！

②缓缓转动双肩。

贴紧

③双臂垂直贴于身体两侧。

用力伸展

④挺胸的同时，将双手用力地向后拉伸。

⑤缓缓地恢复原来的姿势。

写给大人的话 活动身体能够促进血液循环，氧气也得以被运输到身体的各个部位。伸展背部肌肉、转动肩膀、向后拉伸手臂等，可以放松肩胛骨周围僵硬的肌肉，让我们的身体变得更轻松灵活。

15 参观日，想让家人看到你努力的样子

　　学校参观日又到了，虽然有些紧张，但一想到家人能看到你平时在学校里学习的样子，不禁开心了起来。我想，家人也一定很开心、很期待。有没有人曾隐藏心意，故意说反话："不来也没关系！"

　　当上课铃声响起，总会有人满心焦急地向后望——怎么还没来呀……此时，你一定很希望家人看到你努力的样子、表现好的样子吧。

　　因为还有很多不认识的大人也在，教室氛围显得和往常有些不一样。你或许会紧张，心里想："我可不能答错了！"

摆正姿态

"好！我要好好表现了！"为了激发自己的斗志，让我们从摆好姿态开始吧！

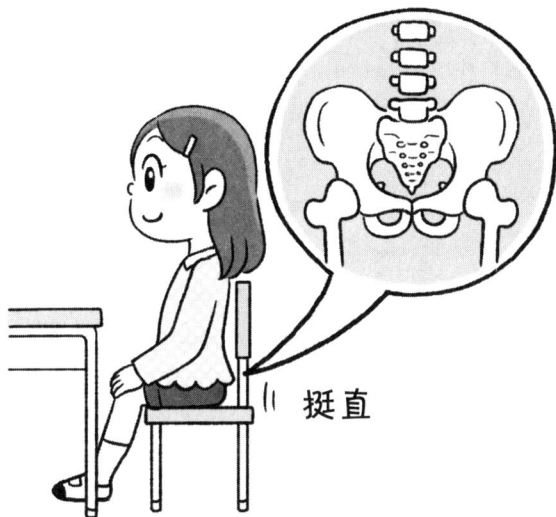

①首先，挺直腰椎，端正坐好。 挺直

②用力提肩。 用力

③彻底放松肩部。 放松

④心里默念："加油！我要好好表现了！" 加油！我要好好表现了！

写给大人的话 有位教育家曾说过"立心必先立身"，提倡"挺直腰板教育"。让我们的孩子从小养成挺直腰背端坐的习惯吧。

16 要跟不认识的人说话时

惶恐 不安

在全校活动或年级活动中，有时需要以小组为单位进行自我介绍、一起玩游戏或者大家一起完成某个任务。这时，平时关系亲密的朋友有可能不在，反而会和平时没怎么说过话甚至没怎么见过面的同学分到一组。你可能会想"为什么被分到这组呀""真是太尴尬了"，甚至紧张害羞到不敢抬头。

和不认识的人、没怎么说过话的人一起玩、一起完成任务，对于我们心灵的成长来说十分重要。了解不同人的心情，也是你成长的必经之路。如果紧张到不敢说话，首先试着小声对自己说："微笑、微笑。"看到笑脸盈盈的你，一定会有小伙伴过来跟你打招呼的！

①抬起头，环视大家的脸庞。

②大口地深呼吸。

吸气

呼气

我的名字
叫××

微笑

④缓慢且清晰地说出自己的名字。

③嘴角微微上扬，做出微笑的表情。

当你能够说出自己的名字时，此刻你一定笑得更加灿烂。微笑，不仅可以让身边的人感到温暖，还能让你你自己的内心平静下来。

写给大人的话　无论如何也无法发自内心地笑出来时，只管上扬嘴角做出微笑的表情，这样可以缓解压力。对于不擅长在众人面前发言的孩子，可以提前让他们熟悉发言的内容和顺序，这样对于他们来说会简单一些。

17 太过努力而感到疲惫时

那天，你觉得自己特别努力；那天，你觉得自己非常忙碌；那天，发生了一些你未曾预料到的事情；那天，你遇到了糟糕的事情却还是忍了下来……

那些日子，你的身体和内心都感到累极了。越是这种时候，你越是难以入睡，结果第二天更没有精神。当我们内心积攒了太多的压力后，身体状况也会变得糟糕。

为了防止出现这样的状况，我们每天都需要把身体和心灵进行"重置"。好好泡个澡，暖暖身子，能够让我们睡得更好，为明天充满电量。

如此一来，明天又是元气满满的一天啦！

练习 浴缸里的温暖深呼吸

用力伸展

吸气   呼气

①把身体浸泡在放满热水的浴缸里，向上伸展你的手臂。

②大口大口地深呼吸。

吐气时，一边放松身体，一边想象自己把一天的疲累也吐了出去。在浴缸里大口地深呼吸，温暖的空气进入身体，顿时感到舒爽且放松极了。

我今天也很努力呀！

③回想自己今天努力做过的事情，表扬自己："今天的我也很努力呀！"

写给大人的话 浴缸是能够让人放松自我的场所之一。大人也可以和孩子一起泡澡，互相搓背，一起深呼吸。表扬认可孩子一天的努力，这会成为孩子明天继续努力的动力。

37

18 原定计划被取消，消极情绪难以抑制时

期待已久的活动或计划突然变更或中止，好不容易特意预习了下节课的内容，打算好好答题表现一番，结果却忽然被告知换成了别的课……你一定也遇到过这些情况吧。

当初有多么期待、多么干劲儿十足，现在心情就有多么烦躁、多么消极得难以抑制。有的人甚至会对他人大发脾气；也有的人会一下子失去干劲儿，变得消沉。但计划已经变更，我们也无能为力。

这种时候，我们先通过深呼吸放松自己的心情，再做一做身体的伸展练习吧。当身体和内心都变得温暖起来后，我们也能更容易地转换我们的心情。

练习 悠闲缓慢的身体拉伸

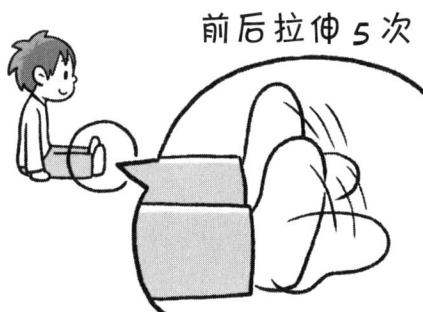

前后拉伸 5 次

左腿、右腿
各 10 秒

用力

① 坐在地上，向前伸直双腿，转动脚踝，将脚掌向前、向后分别拉伸 5 次。

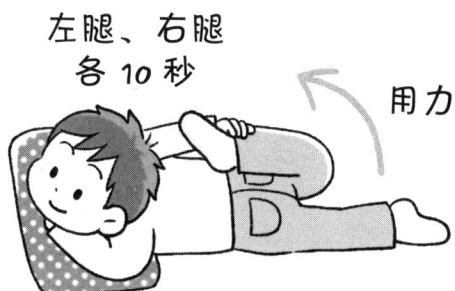

② 身体朝下趴在地上，抬起小腿，努力往大腿方向压。这样可以拉伸大腿肌肉。左右各 10 秒。

每次坚持 5 秒
反复 3 次

将手肘向后方拉伸复原

③ 将双手放在双肩上，将手肘向后方拉伸，扩张胸部肌肉。

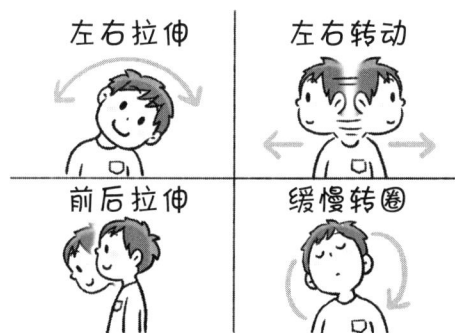

左右拉伸 | 左右转动

前后拉伸 | 缓慢转圈

④ 颈部拉伸。左右拉伸→左右转动→前后拉伸→缓慢转圈。

吸气　呼气

通过拉伸活动身体，可以让心情变得舒畅。当心情得以转换后，你的想法也就可以变得积极起来——去期待下一次机会。

⑤ 扬起嘴角做出微笑的表情。最后缓慢地进行深呼吸吧。

写给大人的话 先肯定孩子"我明明期待了那么久……""我特意做好了准备……"的那份遗憾的心情，再一对一地耐心解释计划变更的理由。对于被取消的计划今后会怎样，给孩子一个可以预见的解释吧。

39

19 学习中无法集中注意力时

　　明明今天必须要做完的作业很多，可注意力就是无法集中，你是否也有过这种情况呢？这种时候，心里会很着急，但越是着急就越是无法静下心来做作业。有时还会变得反应迟钝、无法思考，甚至头疼起来。

　　盯着书桌上的时钟，想要与时间赛跑，心里想着"我还不能休息"，结果反倒让书桌前的你无法集中精神。这份焦急给你带来了压力。

　　此时不妨先休息一会儿，或许能让你的效率提高2倍、3倍。首先让自己的身体恢复元气。充分伸展你已缩在书桌前多时的后背，只有全身血液循环通畅了，氧气才能到达全身，你才有力气做你要做的事情。

练习 向上的伸展训练

拉——伸

①端坐在椅子上，将双手手指交叉紧握，向头部上方拉伸。

用力　　用力

②想象自己的脊椎骨每一小节都被拉伸开来，再轻微地向左右两侧拉伸。

好嘞！加油吧！

神清气爽

③试着大声喊出："好嘞！加油吧！"

写给大人的话 长时间连续做某事会让人精力无法集中，适度休息，让元气得以恢复非常重要。小学低年级孩子每 30 分钟、高年级孩子每 50 分钟休息一次吧！

20 重要的亲人离世

　　当身边有重要的亲人离世时，会让人感到仿佛时间都停滞了，心中的不安疯狂涌来。当遭遇自然灾害或意外事故时，会让人觉得心里仿佛空了一块。

　　不只是内心，身体的表现也会和往常不一样。比如，感觉浑身使不上力，呼吸加速。有时甚至会出现头痛、腹痛的症状。内心深度受伤时，也会给身体带来巨大的伤害。

　　这时，试着做一做放松身体的练习吧。用温柔去包裹你的身心。千万不要忘了，你不是孤零零的一个人，总有人在一旁守护着你。

像放下一块大石头一样放松下来，温柔包裹自己的内心

①抬头看着天空，大口地深呼吸。

吸气
呼气

②一边吸气，一边将双肩抬起向耳朵靠近。手臂要放松。

吸气
用力抬起双肩
手臂自然下垂

③这样的状态保持 10 秒，如果觉得时间太长，坚持 5 秒也可以。

1, 2, 3…
…9, 10

④瞬间卸掉肩部所有的力气，像放下一块沉重的大石头一样把双肩放下来。

呼
重重放下

⑤最后，想象着去温柔地抱住拼命努力的自己的内心，用双手环抱住自己吧。

抱紧、

当心中充满不安时，可以通过这种放松的方式让身体得到舒缓。让我们去感受双肩变轻松的感觉吧。

写给大人的话 在感到无比的悲伤、遭受巨大的打击或经历极度恐惧后，全身都有可能表现出不良反应。当感受到有巨大压力时，及时地去找心理咨询师、精神科医生寻求帮助吧。

＼ 让自己和对方都心情舒畅 ／
好好表达自己的情感吧

前些天你把一本书借给了小 A 同学，这天你对他说："明天记得把书带来还给我哦。"结果第二天小 A 同学并没有把书带过来。其实，你的哥哥也想看这本书，你和哥哥约定好了晚上会把书带回家。遇到这种情况你该怎么办呢？

过分在意他人的心情而不敢表达自己的情绪，这种情况很容易积攒压力。但是，只顾表达自己的情绪，甚至怒骂起来，自己的愤怒和焦躁一时间也很难平复。

我们既要尊重自己，也要尊重对方，要在彼此尊重的基础之上表达自己的情感。上面第三组对话就采用了这种表达方式。认真倾听对方解释，然后再清楚地表达自己的诉求。这样，双方都不会感受到压力，从而能够很好地交往。

成功

不甘心
心烦意乱

咻

第 3 章

试着改变你的
思考方式吧

遇到同样的事情，有的人可以做到完全不在意，
有的人却因此难过消沉得不行。
我们应该怎样去看待、接受事物，
才能够减轻我们的压力呢？
让我们一起来学习并掌握通过调节心理来减轻
压力的方法吧！

顺利
完成了

很开心

21 考试或比赛前心中充满不安时

担心、害怕……

三振出局
（击球手三次都没有击中而出局）

嗖

明天就要正式比赛了。心里总是七上八下的，无法冷静下来。满脑子只剩下不安，什么都思考不了。

明明为了这一天努力了这么久，却突然一下子没了自信，感觉自己这也没准备好，那也没准备好，满脑子都是消极的想法。甚至开始想象自己比赛失败后的样子……

但是，你迄今为止的努力会支撑着你。回想这段日子以来不断坚持努力的自己，会让你重拾自信，获得动力和勇气。

在脑海中描绘自己在比赛中发挥出色取得胜利时的样子，你会越来越自信。

练习 相信自己会胜利

本垒打！！
哇

①想象在比赛中发挥出色的自己。

开心！

太好了！

我做到了！

高兴！

②想象成功时的心情。

我会胜利！
我会胜利！
我会胜利！

③在脑海中想象胜利时的场景，同时大声喊3遍："我会胜利！我会胜利！我会胜利！"

试着大声喊出："我会胜利！" 让你迄今为止付出的努力都转化成你的自信吧。

写给大人的话 考试或比赛前，很容易因为紧张而想象自己失败时的样子。"你已经很努力了，结果不重要，好好享受过程吧！" 可以像这样去安抚孩子紧张的内心，让孩子重拾自信，放心大胆地去迎接挑战。

22 考试成绩特别糟糕时

　　有的人可能一听到"考试"二字，就紧张不安，心跳加速。要是考试中遇到难题做不出来，或者时间不够题没做完，那更是焦急得不行。

　　如果考试成绩十分糟糕，你甚至会感觉浑身发软，快要站不住了。

　　考试没考好并不是结束，而是一次新的开始。调整好心态，重新出发，从此刻开始努力进步就好了。

　　首先试着解决自己做错或者没弄明白的地方吧。记住，遇到不懂的知识，要及时向身边的人请教。

从此刻重新开始

①调整自己再也不想看到这张试卷的心情。回到家后，第一件事就是把卷子拿出来。

②闭上眼睛，深呼吸。

将考试中做错的题仔细挑出来，一道一道地改正。如果有自己不会改的题，先画上圆圈，之后请教家里的大人或学校的老师。

③大声对自己说："现在才是开始！"

写给大人的话 孩子有时可能会将分数难看的试卷藏进衣柜或压在书桌下面，如果总是这样，就会因为忽视没有掌握好的知识点而耽误学习。试着向孩子确认试卷是否发下来了，并陪孩子一起改正错题吧！

23 被拿来与兄弟姐妹或朋友比较时

你的家人和老师是否也对你说过"你看看你哥哥……""你看看××同学……"将你拿来和家里的兄弟姐妹或者班上的其他同学进行比较?

有时,你并不能接受这样的比较。你可能会变得讨厌这些被拿来与你做比较的人,没办法再和他们一起开心地玩耍。这是一件十分令人难过的事情。

你也可以想到他们优秀的地方,接受这样的比较,比如"算了,哥哥考试考了100分""××同学那么努力地练足球"。但仅仅因为他们某些方面比你优秀就将他们拿来和你做比较,换成谁心里也不会很高兴吧。但没关系,你也有自己努力的事情和许许多多的优点。

试着说出你喜欢的事情和你擅长的事情吧。

练习 "算了，就这样吧"，将心情转换

吸气　呼气

不甘心
心烦意乱

哎呀，算了！

①想象把自己内心不甘的情绪捏成一小团。

②大口吸气，在心底默念"哎呀，算了"，然后用嘴呼气。

要是比赛画画，
我可绝对不会输！

绘图本

试着用"哎呀，算了吧"这样的自我暗示去赶走那些因被比较而产生的不甘心和失落感，转换自己的情绪吧。

③转换心情，列举出一些自己喜欢且擅长的事情吧。

写给大人的话 将孩子与兄弟姐妹或朋友做比较，一般不会对孩子产生什么积极影响。当你觉得确实有必要将孩子和他人做比较时，试着把表达的话语说得委婉一些吧。

51

24 当你感觉今天是
不快乐的一天时

和弟弟吵架

突然下雨

被老师批评

心烦意乱

　　从早上开始就什么事情都不顺，让人烦躁、郁闷的事情接二连三地发生，这样的日子你也一定经历过吧。在这样的日子里，平常不会在意的小事也能让你感到生气，导致你和朋友吵架，甚至被老师批评。回到家又会和家里的兄弟姐妹发生矛盾，心情简直低落到谷底。

　　哪怕晚上钻进被窝里，这些烦闷的事情也还在脑海里挥之不去。你或许会叹一口气，想着"今天一丁点儿好事也没有，真是最糟糕的一天了"，然后久久无法入眠。

　　这种时候，试着大口地深呼吸，想象自己把今天那些不好的经历全部随着呼吸吐出去。

做一个美梦吧

吸气

①舒适地躺在被窝里，轻缓地吸气。

呼～

呼～

呼～

②把今天糟糕的经历随着呼吸一起吐出去。

明天一定是美好的一天。

③表扬一下辛苦了一天的自己吧。

深呼吸时，想象自己把一天经历的糟糕的事情通过呼吸全部排出大脑。

写给大人的话 当感觉孩子无精打采时，压抑住自己想要去询问的心情。此时，大人们只需要轻描淡写地说一句："有事的时候跟我们说呀！""好好休息吧！"就可以了。这样简单的几句话就有很好的效果。

25 打游戏太有趣 停不下来时

你打游戏要适可而止！

再玩一小会儿！就一小会儿！

噼里啪啦

　　游戏总是很有趣，一旦开始玩起来，总想着"再玩一小会儿""打过这一关就不玩了"，然后沉迷其中，没完没了。我们也常常会因此被家里的大人质问："你到底要玩到什么时候？"你心里或许想着"我马上就不玩了"，结果根本停不下来。

　　当你意识到的时候，你发现今天的作业还没做，家里人拜托你做的家务也还搁置在那。你对没能控制住游戏时间的自己感到生气，但无论你怎样后悔，失去的时间已经一去不复返了。

　　先想一想"现在该做的事情是什么"，和自己约定"做完该做的事情，作为给自己的奖励，再去玩一小会儿游戏吧"。完成目标后奖励给自己的游戏时间会让你更有成就感。

练习 此刻必须要做的事情1、2、3

现在必须要做的事情……

1、2、3！！

①首先大声喊出："现在必须要做的事情1、2、3！"

必须要做的事情

👑 1 _____

👑 2 _____

👑 3 _____

②写出必须要做的事情中最重要的三件。三件中可以从最容易做的事情开始写。

写给大人的话 对孩子来说，停下手中让自己感到快乐的事情是相当困难的。为了培养孩子的自主性，养成制订计划、珍惜时间的习惯，制定规则教会孩子暂时忍耐，先去完成该做的事情十分重要。

26 正式表演却发挥失常时

　　朝着目标拼命努力是一件多么伟大的事情呀。但有时，因为当天的身体、当天的心情或者会场的氛围等原因，有可能导致你无法展现出练习的成果。

　　比如，在钢琴演奏会上，在你前面上场的表演者弹奏得非常完美，你突然感到"我弹得完全不如人家"，你带着这份紧张感上场，结果演奏得一塌糊涂……你可能会因此自暴自弃，心中暗念："拼命努力练习有什么用！我再也不弹钢琴了！"

　　但请不要忘了，你拼命练习的每个瞬间，都化为了你的实力。人们常说"失败乃成功之母"，发挥失常也是在为更好的以后打基础。让我们把失败的经历当作弹簧，使今后跳得更高、跳得更远吧！

失败乃成功之母，帮助我们飞得更高、跳得更远

每天练习5小时

忍住没看自己想看的电视节目

我做得很好了！

我很棒！

①回想自己所付出的努力。

②大声表扬拼命努力的自己吧！

成功

超级弹簧

咻

失败

失败会化作双倍的力量帮助我们迎接下一次挑战。让我们挺起胸膛，暗暗发誓："下次我一定要做得更好！"你一定会收获满满的动力。

③想象失败是帮助我们下次飞得更高、跳得更远的"超级弹簧"。

写给大人的话 孩子遭遇失败时，容易自暴自弃。这时，大人们也一定有很多话想跟孩子说。但有时一句"没关系，你已经很棒了，辛苦了"便足以让孩子沉重的心情得以缓解。

27 与朋友闹矛盾后无法主动说出"对不起"时

　　因为一些小误会，或者一时心情不好，我们经常会和关系很要好的朋友闹矛盾。一开始明明只是一点小别扭，可后来关系越闹越僵，最后甚至闹得连朋友都做不了……

　　回到家一个人待着的时候，"还是想跟他和好"的心情越来越强烈，于是下定决心"明天一定跟他道歉"，但到了学校看到对方的脸，突然又很难主动开口跟对方说话。

　　这种时候，我们先一个人冷静地想一想，你和他究竟为什么产生了矛盾？你真正想说的是什么？找老师或者其他朋友帮你一起回顾反思也可以。当你把心情整理好后，你自然就会知道如何主动开口了。

时间回到争吵之前

①试着回想你们争吵的契机是什么，并完成下图。在左侧人物下面的方框中填入对方的名字。在人物轮廓中画出你与对方的表情。

②将对方说过的话、做过的事情写在与他对应的对话框里，将你自己说过的话、做过的事情写在与你自己对应的对话框里。

③仔细查看完成后的图，如果发现自己的言行中有不恰当的地方，便针对这一点对朋友说一句"对不起"吧。

你自己

写给大人的话 当孩子与朋友发生争吵时，感情冲动，心情往往难以整理。这种事情也会对孩子的身心造成影响。通过将当时的情况与心情进行可视化处理，再进行回顾，可以很好地帮助孩子整理心情，让他的情绪得到安抚。

28 与朋友发生矛盾产生肢体冲突时

啪！

　　关系再好的朋友也有意见不合、产生矛盾的时候。倾听朋友的想法，也如实告诉朋友自己的想法，互相理解——"原来他是这样想的呀"十分重要。

　　但有时，双方会因为彼此某些意见不一致，互相不接受对方的意见而争执起来，甚至可能会产生肢体冲突。

　　遇到这种情况，首先要控制自己的情绪。当你冷静之后去想一想，你真的动手之后，你的心情会如何？会心情舒畅吗？还是难过与后悔的心情更多一些呢？你的朋友也一定会因此而感到伤心吧。

一个人待会儿，让自己冷静下来

感觉自己忍不住气到快要动手时，先自己一个人走开。通过深呼吸让自己冷静下来吧！当烦躁的心情平复后，再去思考接下来该怎么做吧。

①到教室角落里找个座位坐下，一个人待一会儿。

吸气　呼气

3 次

②大口地深呼吸 3 次。

想让他带上我一起踢足球
↓
他说现在不行
↓
我一生气把他的球踢到远处去了
……

③心情稍微平静些后，想一想为什么和朋友发生争执，把你所想的依次写下来。自己写不出来的时候，可以寻求老师和家人帮忙，让他们和你一起回顾。

刚刚我动了手，对不起！

④针对你动了手的这件事，跟对方说一声"抱歉"。

写给大人的话　有些孩子很难开口说"对不起"。如果能够知道发生争执的原因，也就能够反省自己对人动手的这一行为。要告诉孩子无论是什么理由，使用暴力都是不对的。

房间乱七八糟
总不收拾时

尽管心里想着"这屋子是该收拾一下了……"但总是任由作业本、漫画书、游戏机、衣服散落一地。明明自己也知道应该好好收拾房间，但当家人对你说"你去把房间好好收拾一下"时，你只会更加烦躁。

总是拿不出实际行动收拾房间，让你感到很焦躁。如果心里总是想着"我该收拾了……我该收拾了……"这种心情也会给你带来压力。

试着唤起自己的干劲儿吧！"就是现在！撸起袖子加油干吧！"如果一个人收拾起来不容易的话，可以拜托家人和你一起收拾，前提是自己一定要动手哦，不能完全依赖家人。当房间变得干净整洁后，你的压力也会消失，心情会因此变得舒畅。

"让心情变舒畅"大作战

通过"收拾干净"这一压力管理方法缓解"不收拾"带来的压力，找到导致压力的原因，想办法解决吧！

①想象自己房间干净整洁的样子。

撸起袖子加油干吧！

②大喊一声："撸起袖子加油干吧！"

吸气　用力　呼气

放松自己的双肩

③通过第 20 节的放松练习唤起自己的干劲儿吧！

土豆片

垃圾袋

④从将垃圾和不要的东西装进垃圾袋开始。

写给大人的话 在孩子不收拾房间这个问题上，有时可能隐藏着孩子的孤独情绪。不要一味地斥责孩子，也不要一味地帮孩子收拾干净，而是要陪孩子一起收拾，这个过程也是对孩子心灵的陪伴。

30 羡慕朋友时

> 我要是也能像他那样能说会道就好了……

看到或听到朋友擅长的事情或拥有的东西等时，你是否也有过特别羡慕的时候呢？

在你感到"真好呀""他太厉害了"时，你会渐渐地失去自信，心中会想"反正我什么都不行……"

我们需要且有方法打消"反正我……"这种消极情绪，缓解这种情绪所带来的压力。

其实，你也很努力呀，你身上也有很多优秀或值得肯定的地方。当你找到了自己身上的优点时，你就不会那么在意朋友的事情，也能坦率地认可朋友的优点了。首先，让我们试着"发现自己的优点"吧！

练习 发现自己的优点

①发现自己身上的闪光点吧。
②用大大的字将它们写在下面的表格中。
③写完之后，用大大的圆圈将它们圈起来，它们可是你身上最优秀的地方。

你被表扬过的方面	
你自己喜欢的、认可自己的方面	
你认为能让自己感到开心的事情	

写给大人的话　羡慕朋友正是自己没有自信的表现。这时候孩子会认为自己什么都不行。多多发现并表扬孩子的长处和他们付出的努力，让他们更加充满自信吧。

31 课堂上答错问题时

课堂上自己积极主动地举手答题，结果却答错了。你因此感到丢脸，对自己失望，之后这节课你再也没有心情听下去了。老师接下来的提问，哪怕你对答案很有把握，或许也不敢再举手了。

能够在大家面前说出自己的想法，已经是一件很了不起的事情了。如果因为一次答错了就一直闷闷不乐，并放任这种负性压力一直存在，那么你会变得越来越胆小。因为这个原因，自己再也不参与课堂互动，岂不是很可惜？错了也没关系，完全没有必要感到沮丧。

试着改变自己的想法。人无完人，谁都会有答错的时候。课堂上答错题是再正常不过的事情了，此时我们不应沮丧，而是应该认真改正错误的地方。如果不知道正确答案，就及时请教老师或同学吧。

练习 不气馁，继续迎接下一次挑战

吸气

"我！"

我努力了！

①深深地吸一口气。

②在心底夸奖积极举手答题的自己。

这道题目有人会吗？

老师！我会！

错了也没关系。这次错了，下次就知道该怎么做了！

今天的错误、失败，只要找到原因，下次就一定能成功。调整自己的心情，坚持继续挑战吧！

③小声对自己说："错了也没关系。这次错了，下次就知道如何做了！"

写给大人的话 当孩子回答错误时，也要肯定孩子举手答题的勇气，我们可以说："嗯，××同学真是认真思考了呢。""能够发表自己的想法是一件很了不起的事情呢。"我们要让孩子知道这份勇气的可贵。

32 在学校被欺负时

 同学们对你说了难听的话、做了不好的事情，你一定会很难过、很辛苦吧。如果对方是几个人一起欺负你，你会紧张得内心和身体都僵住了。

 遇到这样的事情，自己通常会失去自信，变得什么事都做不了。有些人还会因为觉得待在教室里很难受，所以一到下课时间就跑到教室外面自己一个人待着。然后越待越觉得自己很孤单，内心也充满了不安。有时候想找人说说话，却连说话的力气都没有。

 当你感到自己孤单一人时，当你感到内心的能量耗尽时，你可能需要借助"英雄"的力量。

练习 寻找属于你的"英雄"吧

①写出你身边让你觉得很温柔的人吧。

例：邻居家的姐姐

②写出当你遇到困难时会向你伸出援手的人吧。

例：医务室老师

③上面你所写出的人就是属于你的"英雄"。去找他们吧，如果他们正好有时间听你诉说，你可以试着把你特别伤心、特别难过的情绪告诉他们。

> 好伤心呀
> ……

霸凌问题以及由其引发的负性压力仅仅靠自己是无法解决的。及时寻求"英雄"的援助十分重要。

写给大人的话 当孩子的心灵遭受巨大打击时，可能连说话的力气都没有了。他们的表情和行为就是他们所发出的信号。遇到这种情况，需要大人及时准确地把握孩子的心情和状况，并且迅速采取对策。

69

33 当朋友无法接受日程的变化时

因为突然下雨导致郊游延期，因为老师出差所以你喜欢的课被换到了其他时间……学校生活中，总有些事情不能按计划进行。

当我们遇到这种情况时，我们的内心有时能接受，有时却不能接受。另外，每个人的接受方式也不尽相同。

如果班上有同学无论如何也接受不了这个变更，情绪很激动或很消沉，你会怎么做呢？

朋友期待这次郊游已经很久了，突然延期肯定让她很失望、很难过。你不妨悄悄地走到她身边，跟她说："笑一笑吧，难过都飞走啦！"将你的这份温暖传递给她，也能为她赶走她心中的遗憾与难过。

让人露出笑脸的口诀

呜呜……

为了让朋友的心变得温暖，试着将你的手轻轻地放在她的肩膀上，将你的这份善意与体贴传递给她吧。

①轻轻地走到正在伤心哭泣的朋友的身边。

笑一笑吧，难过都飞走啦！

轻放

②跟朋友说一句："笑一笑吧，难过都飞走啦！"然后将你的双手轻轻地搭在朋友的双肩上。

我们一起期待下一次的郊游吧，一定很有趣！

③继续用温柔的话语安慰朋友，让她觉得"我没事了"。

写给大人的话 当孩子无法接受原定的事情突然发生改变时，当时的心情会冷静不下来。将改期后的计划写在笔记本上告诉孩子，让孩子对未来有一个预知，他便能够继续做该做的事情了。

\ 放松原来是这样的感觉 /
渐进式松弛疗法

总是失眠的人、总是很努力的人、总是想着我要努力而时时刻刻精神紧绷的人……哪怕身体和内心都给你发出了信号——"稍微放松一下吧"，你也有可能看不见、听不到。虽然努力很重要，但时不时地放松一下也很有必要。

①平躺在床上。

ぐっ
②以手、脚、后背、臀部、肩部、脸部的顺序，依次发力，绷紧身体。也可以全身各部位同时发力。

1、2、3……10！
一动不动
③想象自己被冰冻住了，同时缓慢呼吸，倒数10个数字。

通过将全身绷紧再放松下来的对比，能够更加清晰地感知到"这就是不发力的放松状态"。

暖暖的 反复3次
浑身放松~
④顺气卸下力气，放松全身。也可以按照脸部、肩部、臀部、后背、脚、手的顺序依次放松。将②~④的过程重复3次。

反复做几遍，你的身体会变得温暖，心情也会变得舒畅。当你感到身体很累、心情很烦闷的时候，不妨试试这个方法吧！

不安・・・头疼・・・・・・

× ×同学，
请等一下！

不好意思！

第 4 章

试着改变你的
行为方式吧

当你感受到压力时，你通常会做出怎样的行为？
有时候，如果任由感情控制我们的行为，反倒会
给我们带来更大的压力。
有意识地改变我们的行为，
可以帮助减轻我们的压力哦。

我是不是说得
太过分了······

34 跟不上课堂进度时

课堂上，老师讲的知识点和题目的解法我们并没有听懂。虽然很着急，但却没有勇气说："我没有听懂。"如果想着"算了，没听懂就没听懂吧"，将其放着不管，不懂的知识就会越积越多，越往后越听不懂，最后变得厌学。

将"我没有听懂"说出来并不是一件丢人的事情。如果觉得课堂上直接举手让老师重讲一遍有些困难，那么可以提前和老师商量，遇到自己不懂的问题时使用"求助卡"。当老师看到"求助卡"后，可以当场或者在课间休息时来帮助你。

不懂就问只需要一瞬间的勇气。问明白后你的心情才会舒畅，才会越来越喜欢学习。不要让"不懂"带来的压力越积越多，这一点非常重要。

使用"求助卡"吧

正面

反面

老师,我可以在课堂上使用求助卡吗?

① 使用厚卡纸制作一张"求助卡"。如果没有这种纸,用美术纸等也可以。

② 试着跟老师说一说使用"求助卡"这个主意。

求助

③ 正式上课时,将"求助卡"的正面(表示 OK 的一面)朝上放在课桌上。遇到不懂的问题时,轻轻地将"求助卡"翻过来。

老师一定会注意到你的"求助卡"。这时,老师既有可能当场再仔细讲解一遍,也有可能课后单独给你讲。因为对于老师来说,每一个学生都能听懂也是极为重要的。

写给大人的话 如果遇到不懂的知识便放着不管,那么孩子不仅会越来越讨厌学习,还会逐渐失去自信。我们可以和孩子一起找到一些方法,帮助孩子解决他不懂的问题。小组、班级一起使用这些方法也很好。

35 在意朋友们的聊天内容时

　　班上几位同学在教室后方聊天，你心里十分想知道他们在聊什么。不知为何，总觉得他们好像是在讨论你。

　　特别是当你没有自信，或者有事情进行得不顺利时，这种感觉会愈发强烈。你想着"他们该不会是在说我哪里不好吧"，然后心里暗暗生气、不安，甚至变得烦躁，你的压力因此越来越大。

　　遇到这种情况，你试着先从教室离开一会儿，去一个看不到他们聊天的地方。然后找老师或者其他同学说一说你此刻的心情。把你的心情倾诉出来，郁闷的情绪应该可以得到缓解。

倾诉、商量的重要性

①思考你内心到底在介意什么？

介意的事情

例：几个人聚在一起小声说着悄悄话，总觉得他们在讨论你，因此内心烦躁。

....

....

....

....

....

②思考你究竟为什么会如此在意？

这样认为的理由

例：前些天，跟那几个人中的 ×× 同学说话时，她没搭理你。

....

....

....

....

....

③当你把想法整理好后，去找其他朋友或老师倾诉、商量吧。

老师，
那个……

如果聊天的那群人中感觉有你能说得上话的人，也可以勇敢地去跟他说你所介意的事情，这也不失为一个好的方法。

写给大人的话 进入高年级后，有些孩子会开始在意朋友们的一言一行，在意朋友们是如何看待他的。这种情况在女生中更为多见。让我们多多告诉孩子他自己的优点，让他变得充满自信吧。

36 总是失败，失去自信时

　　当经历失败或所做的事情不顺利时，我们会容易消沉，失去自信，认为"我什么都不行"。如果这种想法一直占据着我们的心，那么哪怕我们想要去努力做某事，也会担心自己是不是不行，从而踌躇不前。

　　如果脑子里总是想着自己不顺利的时候，那么就会渐渐变得讨厌自己。这样的压力一直累积，之后想要转换心情都会很困难。

　　谁都有失败和不顺利的时候。越是这种时候，我们越要发现自己的优点和长处，不管是多么小的优点都可以。知道了自己的优点，就可以消除内心的负面情绪带来的压力。

自我表扬微笑日

① 今天是发现自己优点的日子。回想迄今为止家人、老师、朋友曾夸奖过自己的地方，还有那些曾因为被夸奖而感到高兴的时刻，尽可能多地将它们写在下方表格中吧。

例：被 爸爸 夸奖	被　　　　夸奖	被　　　　夸奖
练钢琴特别地努力，很了不起。		

被　　　　夸奖	被　　　　夸奖	被　　　　夸奖

② 找到自己的优点后，在心底小声默念："我可以的，我可以的。"然后做几次深呼吸吧。

当你找到了自己的很多优点后，你会情不自禁地微笑。听一听喜欢的音乐，读一读喜欢的书，在这样的日子里，给自己的内心充满能量吧！

写给大人的话 面对失去自信、垂头丧气的孩子，我们很难跟其对话。此时不妨什么也不说，陪孩子做一些他喜欢的事情，一起玩一些他喜欢的游戏吧。

37 借给朋友的东西对方总是不还时

走！一起去玩儿吧！

呃……

借给他的书到底怎么样了……

　　和朋友聊起最近看的书，朋友说："把那本书也借我看看嘛！"你说："好呀！"于是很痛快地就把书借给他了。

　　几天后，你想让他把书还给你，你跟他说了一次，可他却一直没有还。你开始怀疑他是不是还没读完呀？还是借给其他人了？还是干脆弄丢了？你越想心理压力越大。你开始心情变得不好，也开始不再相信朋友了。

　　哪怕是为了不失去朋友，你也应该把你那份想要对方把东西还给你的心情坦诚地告诉对方。这时，不要只说自己的心情，也要问一问朋友的情况——那本书是不是还没有读完呀？等等。

坦诚地表达自己的心情吧

将希望对方尽快把东西还给你的理由写在纸上，提前练习一次，跟朋友对话时会更加顺利。对方为什么没能还给你的理由也好好听一听吧！

- 有其他朋友让我借给他

- 我自己还想再看一遍

①写出希望对方把你借给他的东西尽快还给你的理由。

有其他朋友让我借给他。

那个！××！

②写好之后，大声读一遍吧！

③深呼吸让自己的心情平静下来后，跟朋友好好说吧。

写给大人的话 无法按照内心所想好好表达，或者表达过于强硬，有时会让两个孩子发生争吵。试着教会孩子专栏2中介绍的让他自己和对方都能接受的表达方式吧。

无法说出"不"时

课间休息时，你正打算翻开读了一半的书，结果朋友跟你说："我们一起去趟厕所吧！"当你有事正急着要回家时，朋友却叫住你："等我做完值日，我们一起回去吧！就等我一小会儿！"你是否遇到过这样的情况呢？

这种时候，你脑海中可能会想"如果我这次拒绝了他，下次他就不会再找我了""我拒绝的话他会不会不开心呀"，于是没能开口拒绝。

你对没能说出"不"的自己感到失望，朋友或许也会发现你的不情愿，因此感到抱歉和遗憾。必要的时候，勇敢地说出"不"是对自己和对方都有益的做法。鼓起勇气，说出这次拒绝的理由，然后笑着说："下次一定一起呀！"

鼓足勇气深呼吸，勇敢说
"不" 吧

重视自己的计划和情绪，鼓足说 "不" 的勇气。如果无法做到这一点，你和朋友的关系就会变成你单方面地迁就他。

1，2，3…   … 9，10！

温暖   温暖

①将手放在胸口 10 秒，感受自己的内心变得温暖起来。

鼓足勇气深呼吸

吸气   呼气

②在心中默念 "鼓足勇气深呼吸"，然后大口大口地深呼吸吧！

××等一下！
对不起！

③勇敢地直接说 "对不起"。

今天爸爸妈妈回家晚，我得早些回去。所以，今天我就先走喽！

下次一定一起呀！

④表达歉意后一定要说明拒绝的理由。

写给大人的话 有些孩子在收到邀请时，即使不愿答应，也很难开口拒绝。若总是迁就他人，自己就会不断积累压力。告诉孩子我们可以说 "不"，同时也要让孩子知道讲清楚拒绝的理由是非常重要的。

39 看见自己的好朋友和其他人聊得开心时

小春看起来好像比和我在一起的时候还要开心……

哈哈哈！

当你无意中看见和自己最要好、总是和自己形影不离的好朋友正在和其他人开心地聊天时，不知为何你心中感到了一丝孤单。

明明你身边也还有其他朋友，但此时，你眼里似乎只看得到他。你感到很在意，明明自己加入他们也可以，但你做不到。渐渐地，你越来越觉得自己是孤单一人。

曾经的好朋友变得讨厌自己、远离自己，换作谁都很难接受。但如果总是很在意这件事情，则会让你的内心积攒越来越多的压力。

这种时候，请好好看看你的身边。你的身边还有很多很多的人，其中不乏有人真心对你微笑。让我们一起来找找身边的微笑吧。

寻找身边的微笑

①试着看看你的身边。其中有总是爱笑的人、笑起来很好看的人。想出 5 个这样的人并把他们画在下方。

②在心中告诉自己"朋友不是只有一个",然后找一个你想到的总是微笑的人,鼓起勇气跟他说话吧!

朋友不是只有一个!

小美!

怎么啦?

人的心境总是在发生变化。有时,我们不得不面临身边的朋友离开我们。我们要知道朋友不是只有他一个人,尝试着去结交新的朋友吧。

写给大人的话 到了高年级,很多孩子会产生固定的好友或者加入固定的好友群。如果在这方面出现问题,则会给孩子带去巨大的压力。在这一多愁善感的时期,我们要教会孩子去和更多的人交往。

40 烦躁到想要动手时

你算什么啊！

咚！

　　事情不如自己所愿时、对朋友说的话感到生气时、被朋友们排挤时……你通常会做出什么行为？

　　一股怒火涌上心头，此时有的人会摔东西，有的人甚至会对朋友大打出手。虽然说会做出这样的行为，是有一定原因的，但不管什么理由，用摔东西的方式撒气，或是对朋友动手都是绝对不可行的。当我们生气烦躁时，要找到一个适合自己的能让自己冷静下来的方法。比如，一直数数，数到情绪冷静下来为止。

　　在这个世界上，一定会有人能够接受你的所有情绪。向那个人好好倾诉也是非常重要的缓解烦躁情绪的方式之一。

找到让自己冷静下来的方法吧

让我们来找一找能够让自己冷静下来，能够让自己心情舒畅的办法吧。也问一问自己的朋友和家人，听一听他们有没有好的建议。尽可能多地将它们写下来。

例：听音乐，写下生气的理由。

- ....

- ....

- ....

- ....

- ....

- ....

- ....

- ....

- ....

- ....

- ....

在生气的时候、烦躁的时候，选择两三件可以做的事情。

写给大人的话 在孩子情绪平静时，提前和孩子聊一聊"当你感到生气、烦躁，情绪难以控制时，你该怎么做才好呢？"事前的交流也更有利于孩子提前懂得如何尽快控制自己的情绪。

41 饭菜中出现自己不喜欢的食物时

你有没有什么不爱吃的食物呢？如果它出现在了你的饭菜里，你会怎么做？你会不会觉得这顿饭吃起来很难受呢？

哪怕只是把这道菜放到嘴边，有的人就会感到无比难受，感觉一点都吃不下去，但不吃完又会挨说……

当吃饭成为了压力源后，也一定会给健康带来不好的影响。不喜欢某种食物的原因有很多，不喜欢它的口感、不喜欢它的气味，有时甚至是因为没吃过，所以不想吃。但在克服了偏食的人当中，有很多人说过："没吃过的时候觉得很难吃，吃过一次发现还挺好吃的。""长大以后就变得能吃了。"这让我们鼓起了勇气，试着挑战吃第一口吧！

练习 挑战第一口

如果无法用筷子将其切得更小，可以拜托大人帮你切一切。你讨厌的食物，也许只不过是你自己主观认为你吃不了它。试着挑战一下吧，也许意外地好吃呢？

①将不喜欢的食物切成小块。

挑战第一口！

吸气 呼气

②在心中默念："挑战第一口！"然后深呼吸几次。呼气结束后，一鼓作气吃下第一口。

我做到了！

③吃下一口后，在心里表扬自己："我做到了！"

写给大人的话 强迫孩子吃下他讨厌的食物，可能会对孩子造成心理创伤，所以千万不要强制孩子吃他不喜欢的食物。孩子偏食，有时可能隐藏着食物过敏和感官极度敏感等原因，大人一定要用心观察。

42 努力了却没有取得好的结果时

哇

啪嗒——

我就是个什么都不行的大笨蛋……

制定目标并为之努力是一件很了不起的事情。但当有时因为不得已而中断练习、无法达成目标时，会觉得"啊，我什么都不行""我总是这样……"然后陷入沮丧的情绪中。也会有人因此放弃之前的努力。有时候，这种压力完全是自己带给自己的。

遇到这种情况时，我们试着用"小步前进"的方式一步一个脚印地向前走吧。所谓"小步前进"，就是将为了达到目的我们需要做的事情划分成更小的目标，然后一个一个去达成。另外，适当降低最终目标有时也极为重要。这并不是坏事或者说什么丢脸的事情。最终目标我们随时都可以再提高。让我们去收获日常生活中每一个小小的"成就感"吧！

尝试 "小步前进" 的目标达成方式

①你想达成的目标是什么? 学习、运动、其他特长,哪一方面的目标都可以。将其写在目标栏中。

②制定好目标后,思考一下为了达成这个目标,我们需要完成的 5 个小步骤,将它们分别写在下面的阶梯中。像 "比往常早起 10 分钟""好好写字" 等这样细小的目标也可以。

③当阶梯小目标完成后,在上面为自己画上一朵小红花吧。

④当最后一个阶段性小目标完成时,你最初定下的最终目标应该也已经达成了。

⑤哪怕只是很小的事情,当你顺利达成时,也一定不要忘了表扬自己:"我做到了!" 养成自我肯定的习惯吧!

目标

例:能够帅气地连续跨栏!

例:成功完成一次跨栏。

阶段目标⑤

例:跳跃与金属栏架高度一致的橡皮筋。

阶段目标④

好的!
努力试一试吧!

例:助跑后跨过橡皮筋。

阶段目标③

例:跨过与膝盖高度一致的橡皮筋。

阶段目标②

例:想象跨栏的样子完成跳跃。

阶段目标①

写给大人的话 为了达成宏大的目标,我们必须制定一个个小的阶段性目标。通过达成一个个小目标,孩子可以获得成就感,从而变得自信。

43 被老师和家人斥责时

在你的身边，有家人、有老师，他们无时无刻不在守护着你、支持着你，是你坚实的依靠。

但当你做出危险的举动，或是伤害了其他人的感情或身体时，他们也会批评你，有时甚至会严厉地斥责你。这是因为他们希望你成为一个强大且善良的孩子。

让我们来反思一下自己为什么会被批评吧！知道了自己为什么被斥责，就是我们成长的证明。

那么，为了进一步地成长，我们应该怎么做呢？那就是不要重复犯同样的错误。"反省卡"与"约定卡"能够很好地帮助你哟。

练习 制作反省卡与约定卡吧

①试着在"反省卡"上写下自己的行为吧。
②思考自己为什么会被批评。
③如果发现了自己需要反省的地方，将它们告诉批评你的那个人。
④在"约定卡"上写下今后自己要注意的事情，然后将它贴在每天都能
看到的地方吧。

反省卡

自己的行为　　　例：与朋友争吵后对他说了一句：
　　　　　　　　　　"我最讨厌你了！"

被批评的理由　　例：使用了伤害对方感情的语言。

约定卡

例：即使和朋友发生争吵，也绝不使用伤害对方感
情的话语。

写给大人的话 批评孩子时，大人也容易情绪冲动。让我们放松、平静下来再去面对孩子吧。让孩
子知道我们有认真地去倾听他们这样做的背景和理由，孩子也能更好地去理解、接受自己为什么被
批评。

44 无法向他人传达自己的难过情绪时

抱紧……

与朋友闹矛盾时，被家人责骂时，心爱的宠物死去时……你的心里一定充满了悲伤的情绪。悲伤的情绪就是巨大的压力来源。当你无精打采时，哪怕别人问你"怎么了"，你也说不出话来，无法将你的悲伤情绪倾诉给他人。

如果一直这样将难过的情绪压在心底，独自一人忍耐承受，你的内心就会越来越疲惫，有时甚至连身体也会出现问题。

这种时候，将无法说出口的情绪用笔记本记下来，这也是将情绪从心中表达出来的方式。写的过程中，你的情绪会慢慢得到整理，一点一点地，你便知道该如何向别人说出来了。

写一些独白笔记吧

①在下面的独白框中写下你难过的情绪吧。

②为什么出现这样的情绪？想一想其中的理由吧。

例：因为 和好朋友 ×× 闹矛盾了。

因为 _____

因为 _____

③待你心情稍稍平复后，试着写一写你为了缓解这种悲伤情绪能做的事情。

例：我可以 明天见到他以后，鼓起勇气跟他说"早上好"。

我可以 _____

我可以 _____

④试想一下自己可以倾诉的人。脑海中第一个浮现出来的人，去跟他说一说你此刻的心情吧。

老师！

悲伤的情绪原本就很难用语言表达，一直憋在心里，会使得内心一直被负面情绪占据。试着用写或者说的方式，将它们宣泄出来吧。

写给大人的话 无法说出口的话，无法整理清楚的心情，有时候用文字的方式更容易理清。大人们哪怕只是陪在孩子身边，也能让孩子的情绪变得平静。

45 想要与闹矛盾的
朋友和好时

和朋友闹矛盾时，我们会生气、会烦躁。但很多时候一个人冷静下来想一想，又会后悔——"我是不是话说得太重了""我为什么会说出那样的话呀"……随着时间的流逝，心中的悔意愈发强烈，我们因此感受到了压力。

虽然想着"还是想跟她和好呀"，但有时我们又碍于面子很难坦诚地主动示好。这种时候，让我们鼓足勇气，从说一句"对不起"开始吧。这将是重归于好的第一步。尽管"对不起"是很难说出口的一句话，但还是试着深呼吸后努力地说出来吧。之后，再进行"和平谈话"修复与朋友的关系。如果我们能坦诚地说出自己的想法和心情，想必朋友也一定会同样坦诚地对待我们。

练习 从"对不起"开始的和平谈话

温柔

总是笑眯眯的

开朗

对不起
对不起
对不起

①首先试着回想朋友好的地方吧。

②在心中默默说3遍"对不起"。

当我们说"对不起"的时候，不能因为不好意思就含糊其词，要慢慢地、清楚地说。说得太快就不能很好地传达自己的感情了。如果能说出自己具体哪里做得不好，也可以试着告诉朋友。

对不起，我们能重归于好吗？

③深呼吸后，跟对方说一句"对不起"表达自己的歉意。也试着告诉对方你今后还想和她做好朋友的心情吧！

写给大人的话 当孩子与朋友发生争吵后，会烦躁或失落。如果大人能够好好地接受孩子产生"生气""悲伤"的情绪，也能帮助孩子更好地了解自己究竟想和朋友如何发展。

46 觉得没有人理解自己时

反正这样的我谁也不在乎……

你是否曾感到孤独，甚至想大声喊出："谁都不了解我真正的心情！"

比如，明明很努力却没有受到表扬时，朋友爽约后第二天也没有一句解释时，朋友不带你一起玩儿时……你感到大家都在无视你，你心中不禁想："反正也没有人在意我……"

这是你心中充斥着消极情绪的证据。

这种时候，试着写出你喜欢的、想做的事情吧。当你找到喜欢的事物、想做的事情后，心情就会变得积极，充满正能量。

①试着写出你喜欢的东西、想尝试的事情吧。

②写完之后看一看哪些似乎是可以实现的，在○中给它们标上序号吧。

例：演奏乐器

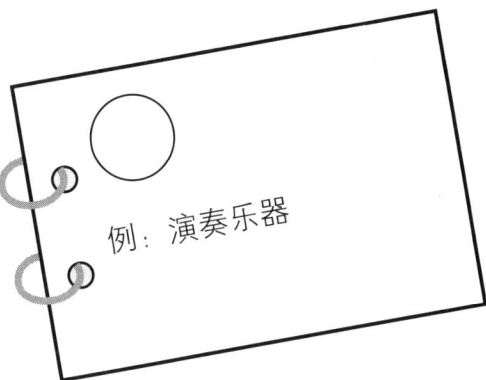

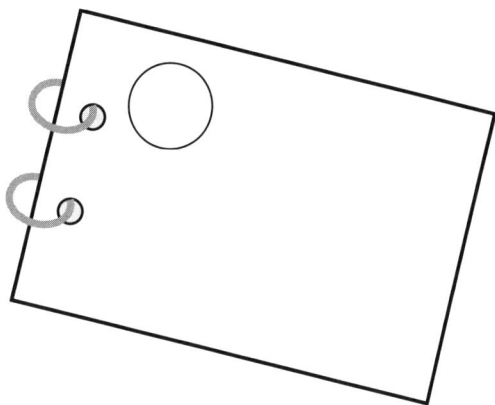

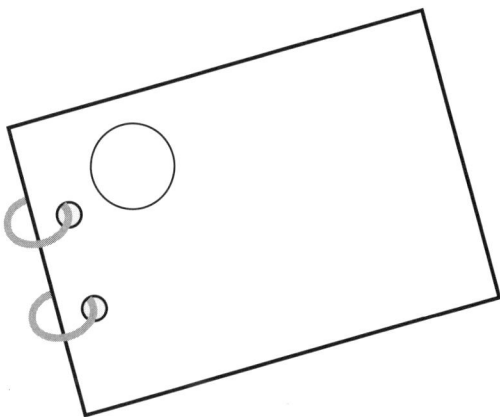

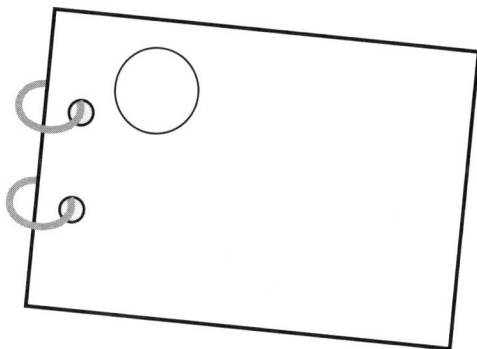

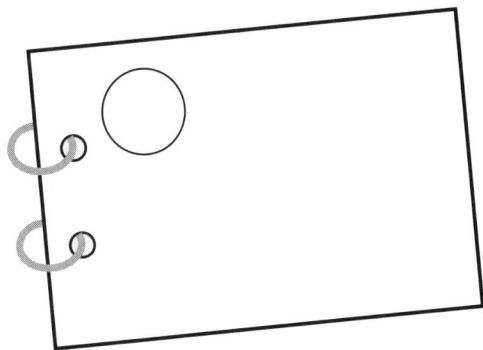

如果想到了能一起做的事，或者能一起做某事的人，试着跟他说一说吧。万一被对方拒绝了，想着只是碰巧对方时间不合适罢了就可以了。

写给大人的话 很多自暴自弃的孩子只不过是没有找到他们想做的事情。如果有他们想做的、喜欢的事情，他们就能够转换自己的情绪了。多陪孩子去图书馆和兴趣班，帮助他们找到自己喜欢的事情吧。

47 无法抑制地悲伤难过时

　　有时候，我们会感到悲伤、痛苦，内心好像随时都有可能崩溃。这时，我们可能泪流不止，也可能想要放声大喊。此外，还有些人可能吃不下饭，睡不着觉。悲伤带给我们的压力，甚至可能让我们连跟人倾诉的力气都没有。

　　这种情况下，不要勉强自己，让自己的身心都得到休息十分重要。等到精力稍稍恢复，再试着找人倾诉一下吧。你的身边，一定有人能够接纳你所有的情绪。如果不能很好地表达，只是待在那个人身边，你也一定能感到你沉重的心情轻松了不少。

吐露难过的情绪——"我想跟你说……"

①提起双肩，数 10 秒（如果觉得时间太长，5 秒即可）。
②数到 10 时瞬间卸下力气，像放下沉重的大石头一般放下自己的肩膀。
③当你觉得好像能倾诉自己的情绪了，去到总是陪在你身边的那个人那里，哪怕只是让他在你身边静静待着也好。

④当你想倾诉的时候，试着开口说："那个，我想跟你说……"接着，把你难过的情绪全部吐露出来吧。

扔掉你的坏情绪

难过的心情和悲伤的情绪都需要一定的时间才能消解。但别害怕，在这段时间里，美好的事情、能令你感到开心的事情也一定会朝你走来。我们只需要慢慢地向前，去迎接、拥抱下一个美好。

①在上面的空白处写下你所有的情绪（感情）。

②将它们一个一个地大声念出来，每念一个就划掉一个。这样的方式也能让你的心情变得轻松一些。

写给大人的话 当孩子感到内心崩溃时，有时明明很想倾诉这份痛苦，但却无论如何都开不了口。我们不必勉强孩子马上说，只需要静静地陪在他身边，给予他安全感，直到他愿意开口说出来为止。

后　记

试着将你的双肩往耳朵的方向提拉。肩膀能够轻松地被提拉上去吗？

"欸？我明明在用力，但肩膀好像不太听话……"有人或许对此刻自己的状态感到震惊。你站在镜子前做一做这个动作就能够明白。

当人积累了巨大的压力时，连抬肩这样简单的动作都做不到。因为精神高度紧张，也能导致我们的身体变得僵硬。

我大概从 15 年前开始，接受从小学生到高龄者处于各种各样状况的人的心理咨询。在这些前来咨询的人当中，有些人通过自己的身体状况，注意到了自己的紧张心理——原来我承受了这么多的压力呀……

在接受了许许多多的人的咨询以后，我于 2007 年将压力管理纳入了治疗方案中。

人的内心与身体是紧密相连的。遇到难过的事情时自然会流泪；遇到开心的事情时嘴角自然会上扬，脚步也会变得轻快；当你不擅长却不得不上台演讲时，明明心里告诉自己要冷静、要放松，可心脏却跳得更加凶猛，嗓子发干，反倒变得说不出话来。

当我们因为精神紧张，平时能做到的事情现在也变得做不到时，一定会有人对我们说："来，深呼吸……"通过深呼吸，使身体得到放松，从而让心情平静下来的体验相信每一位读者都有过。

这就是压力管理的起点。

深呼吸就是我们利用身体活动使心理压力得到减轻的最基础的方法之一。

相反，通过利用我们的心理活动，也可以达到控制压力的效果。比如，当我们总想着"我必须要成功""要是失败了可怎么办呀"的时候，转换思考方式，试着去想"算了，就这样吧"，这可以让我们拘泥于结果的心放松下来，从而达到自己控制压力的目的。

然后，随着压力管理疗法的导入，我的心理治疗出现了确切的效果。曾经深受抑郁症困扰的人回到了职场；曾因为育儿问题郁闷烦恼的母亲，与孩子建立起了良好的亲子关系。取得这些成效虽然花了很长一段时间，但这些确确实实是肉眼可见的成效。

通过掌握压力管理的方法，我们可以有意识地注意到我们的内心与身体的点滴变化。当你发现"自己感受到的压力，也能通过自己的力量去改变它"时，你会在人生道路上越来越自信。

在东日本大地震发生以后，我立马加入了现地紧急支援队伍，面向学校的老师们讲解压力管理的方法。目的是让他们能够更好地为精神遭受巨大打击的孩子们提供心理援助。

其间，我们使用了"两人搭档放松法"，即一个人走到另一个人身后，将双手轻轻搭在对方肩上，以此达到放松的效果。

当人们感受到手掌温度的那一刻，偌大的会场里，陆陆续续传来了呜咽声。肩膀感受到的来自手掌的温度，瞬间化解了人们面对巨大灾难时产生的紧张与压力。

一直忍住不哭的老师们的压力，也因为这些哭声而消解了。

稍稍放缓不停赶路的脚步，让太过努力的自己稍微放松一下，自己和身边的人都会轻松许多。原谅因遭遇不好的事情而一直没有干劲儿的自己，没有干劲儿就干脆让自己的身心好好休息，这一点很重要。休息着、休息着，总有一天，我们会充满能量。

现代社会处处充斥着压力，为了保护我们的孩子不在这样的环境中受到心灵的创伤，我们迫切地希望针对孩子各个成长阶段的压力管理教育能够得以普及。

希望本书介绍的压力管理方法，能够在每个家庭、学校以及社会教育中帮到更多的人。

安川祯亮